FORSCHUNGSBERICHTE DES LANDES NORDRHEIN-WESTFALEN

Nr. 2744/Fachgruppe Physik/Chemie/Biologie

Herausgegeben im Auftrage des Ministerpräsidenten Heinz Kühn
vom Minister für Wissenschaft und Forschung Johannes Rau

Akad. Rat Dr. Wolfgang Beisenherz

Pädagogische Hochschule Westfalen-Lippe
- Abt. Bielefeld -

Änderungen im Enzymmuster während der Samenkeimung und frühen Entwicklung des Keimlings von Hordeum vulgare

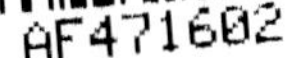

Westdeutscher Verlag 1978

CIP-Kurztitelaufnahme der Deutschen Bibliothek

Beisenherz, Wolfgang:
Änderungen im Enzymmuster während der Samenkeimung und frühen Entwicklung des Keimlings von Hordeum vulgare. - 1. Aufl. - Opladen : Westdeutscher Verlag, 1978. -
(Forschungsberichte des Landes Nordrhein-Westfalen ; Nr. 2744 : Fachgruppe Physik, Chemie, Biologie)
ISBN 978-3-531-02744-9 ISBN 978-3-663-06769-6 (eBook)
DOI 10.1007/978-3-663-06769-6

Gesamtherstellung: Westdeutscher Verlag

ISBN 978-3-531-02744-9

Inhalt

1. Einleitung

Der Entwicklungszyklus der Samenpflanzen wird durch die Keimung eingeleitet und endet mit der Ausbildung des neuen Samens, ihres typischen Arterhaltungs- und Verbreitungsorgans. Im Samen befinden sich, umgeben von einer schützenden Samenschale, der vorübergehend ruhende Embryo - die neue Pflanze - und in der Regel ein Reservestoff speicherndes Nährgewebe. Im ruhenden Zustand ist der Same durch eine extreme Wasserarmut und die Herabsetzung der Stoffwechselprozesse auf ein Minimum gekennzeichnet. Die Keimung, die die Entwicklung des Keimlings einleitet, beginnt deshalb mit der Wasseraufnahme und Steigerung des Stoffwechsels (Toole et al., 1956).

Am Anfang seiner Entwicklung ist der Keimling völlig auf die im Samen gespeicherten Reservestoffe angewiesen. Erst die Ausbildung des Photosyntheseapparates führt zur Umstellung der heterotrophen Ernährungsweise auf eine autotrophe Ernährungsweise (vgl. Feierabend, 1966). Das Stadium der Keimung und frühen Entwicklung des Keimlings, das in dieser Arbeit untersucht werden soll, ist demnach durch grundlegende Veränderungen des Stoffwechsels gekennzeichnet.

Da der Stoffwechsel über Enzyme gesteuert wird, können Stoffwechselumstellungen anhand von Verschiebungen im Enzymmuster des keimenden Samens verfolgt werden. Veränderungen in der Enzymausstattung während der Samenkeimung und frühen Entwicklung des Keimlings von Hordeum vulgare erlauben einen Einblick in stoffwechselphysiologische Vorgänge. Besonders lohnend im Hinblick auf die zu erwartenden Änderungen erscheint, die Untersuchung von Enzymen der Photosynthese (reduktiver Pentosephosphatzyklus) sowie der Abbauwege für Kohlenhydrate, die bei Gerste den größten Teil der gespeicherten Reservestoffe ausmachen (Lehmann u. Aichele, 1931).

Aktivitätswechsel von Enzymen der Hexoseabbauwege konnten bereits von Kotze u. Latzko (1965) in keimender Sommergerste nachgewiesen werden. Die Autoren weisen in ihrer Arbeit erstmals auf eine hohe Alkoholdehydrogenaseaktivität hin, die nur in den ersten Keimtagen nachgewiesen werden konnte. Eine hohe Aktivität des Enzyms ADH ist in der ersten Keimphase nach der Quellung für die meisten Samen typisch (Crawford, 1977) und weist auf ein Sauerstoffdefizit im Samen hin. Da Kotze und Latzko ihre Untersuchungen an dunkelkeimendem Material durchführten, konnte der Einfluß der einsetzenden Photosynthese nicht erfaßt werden. Besonders der wechselseitige Einfluß des oxidativen und reduktiven Pentasephosphatzyklus mit den Eingangsenzymen Glucose-6-phosphat-Dehydrogenase und Ribulose-1,5-diphosphat-Carboxylase soll in dieser Arbeit untersucht werden. Um die beobachteten enzymatischen Veränderungen auf Wachstums- und Entwicklungsprozesse beziehen zu können, wurden während der Keimung und frühen Entwicklung des Gerstenkeimlings die Parameter Trockengewicht, Kohlenhydrat- und Proteingehalt und Chlorophyllgehalt bestimmt.

2. Material und Methoden

2.1. Untersuchungsmaterial

Die Versuche wurden mit Karyopsen der Sommergerste (Hordeum vulgare) der Rassen Nordal und Ortolan durchgeführt.

2.2. Anzuchtbedingungen

Die Karyopsen wurden zu Versuchsbeginn 12 Stunden vorgequollen und anschließend in feuchtem Sand ausgesät. Die Anzucht erfolgte bei 19 °C, 90 % Luftfeuchtigkeit und ca. 5 000 Lux.

2.3. Herstellung der Rohextrakte

Zur Gewinnung der Rohextrakte wurde das Material in destilliertem Wasser gewaschen und anschließend mit 0,2 M Tris-HCL-Puffer pH 7,8, der 0,002 M EDTA und 0,01 M Mercaptoäthanol enthielt, bei 4 °C in einem Potter-Elvehjem-Homogenisator zerrieben. Das Homogenisat wurde 30 Minuten bei 20 000 g zentrifugiert und der klare Überstand auf Enzymaktivitäten und Proteinkonzentration hin untersucht.

2.4. Isolierung der Plastiden

Die Isolierung der Plastiden erfolgte nach einer modifizierten Methode von Lütz (1975). 2 g Hafersproße wurden dazu mit 20 ml 0,025 M Tris-HCl-Puffer pH 7,8, der 0,3 M Saccharose, 0,01 M KCl, 0,01 M $MgSO_4$ und 0,01 M Mercaptoäthanol enthielt, bei 4 °C in einem Potter-Elvehjem-Homogenisator aufgeschlossen. Das Homogenisatz wurde durch Mull filtriert, um grobe Partikel abzutrennen, und 5 Minuten bei 200 g zur Entfernung von Zellwänden und Kernen zentrifugiert. Aus dem Überstand wurden die Plastiden durch eine 15 minütige Zentrifugation bei 500 g isoliert. Die so gewonnenen Plastiden wurden im Homogenisationsmedium gewaschen und anschließend in wenig Puffer auf einen Gradienten von 20 - 65 % Saccharose in 0,025 M Tris-HCl-Puffer pH 7,8, der 0,01 M KCl, 0,01 M $MgSO_4$ und 0,01 M Mercaptoäthanol enthielt, aufgetragen. Die Zonenzentrifugation erfolgte für 30 Minuten bei ca. 1800 g.
Die so isolierten Plastiden wurden osmotisch geschockt und Membranen durch eine Zentrifugation bei ca. 40 000 g (60 Minuten) entfernt. Die Aktivitäten von Glucose-6-phosphat-Dehydrogenase, Ribulose-1,5-diphosphat-Carboxylase und NADP-abhängiger Glycerinaldehyd-3-phosphat-Dehydrogenase sowie die Proteinkonzentration wurden im klaren Überstand bestimmt.

2.5. Bestimmung des Trockengewichts, Kohlenhydrat-, Protein- und Chlorophyllgehalts

Die Bestimmung des Trockengewichts erfolgte nach der Methode von Kowallik (1962).
Der Kohlenhydratgehalt wurde in modifizierter Form nach Roe (1955) mit der Anthron-Methode bestimmt.
Die Proteinbestimmung erfolgte nach Lowry et al. (1951) mit dem Folin-Reagenz. Es wurden nur wasserlösliche Proteine erfaßt.

Die Bestimmung des Chlorophyllgehalts der Sproße wurde nach Arnon (1949) vorgenommen.

2.6. Bestimmung der Enzymaktivitäten

Alkoholdehydrogenase (E.C.-No. 1.1.1.1.) wurde nach der Methode von Racker (1962) bestimmt.
Malatdehydrogenase (E.C.-No. 1.1.1.37) wurde nach Bergmeyer und Bernt (1970) bestimmt.
Isocitrat-Dehydrogenase (E.C.-No. 1.1.1.42) wurde nach einer modifizierten Methode von Rose (1960) bestimmt.
6-Phosphogluconsäure-Dehydrogenase (E.C.-No.1.1.1.44) wurde nach einer modifizierten Methode von Löhr und Waller (1962) bestimmt.
Glucose-6-phosphat-Dehydrogenase (E.C.-No.1.1.1.49) wurde nach Löhr und Waller (1962) bestimmt.
NADP-abhängige Glycerinaldehyd-3-phosphat-Dehydrogenase (E.C.-No. 1.2.1.13) wurde nach einer modifizierten Methode von Ziegler und Ziegler (1965) bestimmt.
Glutamat-Oxalacetat-Transaminase (E.C.-No. 2.6.1.1) wurde nach Bergmeyer und Bernt (1970) bestimmt.
Phosphoenolpyruvat-Carboxylase (E.C.-No. 4.1.1.31) wurde in Anlehnung an Hiatt (1967) bestimmt.
Ribulose-1,5-diphosphat-Carboxylase (E.C.-No. 4.1.1.39) wurde nach einer modifizierten Methode von Racker (1962) bestimmt, das entstandene 3-Phosphoglycerat nach Czok und Eckert (1962).
Aldolase (E.C.-No. 4.1.2.13) wurde nach Bergmeyer und Bernt (1970) bestimmt.
Citratsynthethase (E.C.-No. 4.1.3.7) wurde nach Ochoa (1955) bestimmt.

3. Ergebnisse und Diskussion

Während der Keimung betreibt die Gerste ihren Bau- und Betriebsstoffwechsel durch Mobilisierung der Reservestoffe im Samen. Nach der Quellung und Aktivierung des Stoffwechsels durch die Wasseraufnahme werden in den ersten zwei Keimtagen besonders Zucker, die im Keimling gespeichert sind, abgebaut (vgl. Schmidhauser, 1955). Ab dem zweiten Keimtag werden dann verstärkt Kohlenhydrate und auch Proteine aus dem Endosperm abgezogen (Abb. 1 a, b). Parallel hierzu ist im Keimling eine stetige, wachstumsbedingte Zunahme des Trockengewichts (1c), Kohlenhydratgehalt (1a) und Proteingehalt (1b) festzustellen (Abb. 1).

3.1. Enzymatische Veränderungen im Endosperm

Enzymatische Untersuchungen des Endosperms zeigen, daß in der ersten Phase der Keimung β - Amylase, die bereits in trockenen, ungequollenen Samen nachweisbar ist, vermehrt wird und daß α - Amylase und Phosphorylase neu gebildet werden (vgl. Verbeek et al., 1959). Ab dem zweiten Keimtag wird verstärkt die Hauptreservesubstanz Stärke hydrolysiert.

Enzymatische Veränderungen im Endosperm sind jedoch nicht auf Enzyme der Stärkehydrolyse beschränkt. Trotz eines drastischen Substanzverlustes, der sich sowohl in der Kohlenhydrat- und Proteinabnahme, als auch im Trockengewichtsschwund des Endosperms (Abfall von 32 mg am ersten Keimtag auf 14 mg am 8. Keimtag) ausdrückt, werden für eine Reihe von Enzymen Aktivitätssteigerungen im Endosperm während der ersten acht

Keimtage gemessen (vgl. Kotze u. Latzko, 1965). Besonders die Enzyme Isocitrat-Dehydrogenase (ICDH) und Malatdehydrogenase (MDH), die unter anderem im Citronensäurezyklus aktiv sind, zeigen bereits zu Beginn der Keimung hohe Enzymaktivitäten, die im Verlauf der Keimung bis zum achten Keimtag im Endosperm noch ansteigen (Abb. 2 a,b).

Den gemessenen Enzymaktivitäten der Malatdehydrogenase wurden in unseren Versuchen keine Zellkompartiment zugeordnet. Außer aus dem Citronensäurezyklus dürfte ein Teil der MDH-Aktivität aus dem Kompartiment der Glyoxysomen stammen, da Gerstensamen trotz des geringen Fettgehaltes von nur 1,2 % (Baumeister u. Reichert, 1969) über einen funktionierenden Glyoxylatzyklus verfügen (Graham u. Young, 1959). Nach den Versuchen von Bartels (1960) darf außerdem angenommen werden, daß MDH auch zusammen mit dem Enzym Glutamat-Oxalacetat-Transaminase (GOT) an der Asparaginsäurebildung beteiligt ist und so eine Beziehung zwischen dem Kohlenhydratstoffwechsel und dem Aminosäure- bzw. Proteinstoffwechsel im Endosperm gegeben ist. Der Aktivitätsverlauf der Glutamat-Oxalacetat-Transaminase ähnelt entsprechend dem Aktivitätsverlauf der Malatdehydrogenase im Endosperm (Abb. 2c). Auffällig ist hierbei, daß die höchsten gemessenen Enzymaktivitäten gegen Ende des Untersuchungszeitraumes festzustellen sind, zu einem Zeitpunkt, zu dem der Proteingehalt des Endosperms bereits um ca. 75 % gegenüber dem Ausgangswert abgesunken ist (vgl. Abb. 1b).

Das Enzym Glutamat-Oxalacetat-Transminase zeigt nach

dem Enzym Malathydrogenase die höchsten Enzymaktivitäten. Ähnlich hohe Aktivitätswerte können auch bei Keimlingen von Roggen (Feierabend, 1965) und Pinus nigra (Bartels, 1960) nachgewiesen werden. Außer im Endosperm läßt sich bei Gerste auch in der Wurzel des Keimlings eine besonders hohe GOT-Aktivität feststellen. Dies kann im Zusammenhang mit der stickstoffaufnehmenden Funktion dieses Organs gesehen werden.

Für alle keimenden Samen ist nach der Quellung eine Periode der Anaerobiose typisch (Crawford, 1977). Im Enzymmuster des Gerstenkeimlings zeichnet sich diese Periode durch eine hohe Aktivität des Enzyms Alkoholdehydrogenase (ADH) aus. Die Alkoholdehydrogenase ist bereits im ungequollenen Gerstensamen nachweisbar und erreicht in unseren Versuchen am zweiten Keimtag seine höchste Enzymaktivität im Endosperm (Abb. 3a). In Sproß und Wurzel werden weitaus niedrigere Enzymaktivitäten gemessen. Nach dem zweiten Keimtag fällt die Enzymaktivität stark ab, am 10. Keimtag war unter unseren Standardbedingungen das Enzym Alkoholdehydrogenase im Endosperm nicht mehr nachweisbar. Auch für andere Samen wurden ähnliche Ergebnisse gefunden (Goksöyr et al. 1953, Bartels, 1960, Kotze u. Latzko, 1965, Feierabend, 1965). Nach Feierabend (1965) ist die ADH des Endosperms von Roggenkeimlingen fast ausschließlich in der Aleuronschicht lokalisiert.

Durch anaerobe Verhältnisse scheint eine Induktion der Enzymaktivität zu erfolgen (Hagemann u. Flesher, 1960). Die Atmungsrate im Endosperm von Gerstenkörnern ist während der ersten Keimtage ca. 20-mal niedriger als im Gerstenembryo (Stiles, 1960). Erst nach Durchbrechen der Testa, wenn die Sauerstoffversorgung des Endosperms besser wird, läßt sich eine relativ schnelle Abnahme der ADH-Aktivität feststellen. Durch Änderung der Keimbedingungen läßt sich der Aktivitätsverlauf der Alkoholdehydrogenase in Gerstenkeimlingen verändern. Werden die Samen in der ersten Keimphase einem verlängerten Sauerstoffmangel ausgesetzt, so tritt die maximale Aktivität der Alkoholdehydrogenase zeitlich verzögert auf.

Das Enzym Aldolase zeigt im Endosperm zu derselben Zeit ein Aktivitätsmaximum wie die ADH, die kennzeichnend ist für die alkoholische Gärung. Der Aktivitätsverlauf der Aldolase, die in verschiedenen Kompartimenten nachweisbar ist, scheint demnach im Endosperm durch die Beteiligung an der alkoholischen Gärung geprägt zu sein. Aktives Aldolaseenzym läßt sich im Endosperm während des gesamten Untersuchungszeitraum nachweisen.

Einen ähnlichen Aktivitätsverlauf wie für die ADH und Aldolase ergab sich in unseren Untersuchungen auch für das CO_2-fixierende Enzym Phosphoenolpyruvat-Carboxylase (PEP-CO) (Abb. 3c). PEP-CO kann in allen Pflanzenteilen der keimenden Gerste nachgewiesen werden. Das Vorkommen dieses Enzyms in Sproß und Wurzel von Gerste ist schon seit langem bekannt (Hall et al., 1959, Graham a. Young, 1959, Hiatt, 1967). Feierabend (1965) kann das Enzym im Endosperm keimender Roggenkörner nachweisen und findet es dort zu 2/3 in der Aleuronschicht und zu 1/3 im Stärkeendosperm lokalisiert. Kennzeichnend für die PEP-CO ist ihre sich zu

Beginn der Keimung einstellende relativ hohe spezifische und absolute Aktivität, die während der weiteren Entwicklung des Keimlings wieder absinkt (Abb. 3c). Eine deutliche Abnahme der absoluten PEP-CO-Aktivität findet auch Feierabend (1965) im Endosperm von Roggenkeimlingen, nicht aber in deren Embryonen. Hall et al. (1959) ermitteln dagegen bei etiolierten Gerstenkeimlingen, die belichtet werden, nur einen leichten Abfall der PEP-CO-Aktivität.

Da PEP-CO gleichzeitig mit der ADH und Aldolase einen Aktivitätsgipfel während der ersten Keimphase zeigt und dann mit seiner Enzymaktivität abfällt, scheint das Enzym in dieser Keimphase, in der der Gasaustausch nach außen behindert ist, an einsetzenden Synthesen beteiligt zu sein (vgl. Graham a. Young, 1959).

3.2. Enzymatische Veränderungen im Sproß

Während der Stoffwechsel des Endosperms im Dienste der heterotrophen Ernährung des Keimlings steht, entwickeln sich im Sproß des Keimlings die Strukturen und Enzyme, die den Keimling zu einem autrophen Stoffwechsel befähigen. Im Samen bzw. Keimling der Gerste findet bei Belichtung eine Proplastiden-Chloroplasten-Transformation statt (Robertson u. Laetsch, 1974). Ein erstes äußeres Zeichen der Stoffwechselumstellung ist das Ergrünen der Sproße infolge der Chlorophyllsynthese (Abb. 4 a). Parallel zu dem Auftreten von Chlorophyll werden in den Keimlingen die Photosyntheseenzyme Ribulose-1,5-diphosphat-Carboxylase (RuDPCo) und NADP-abhängige Glycerinaldehyd-3-phosphat-Dehydrogenase (NADP-GDH) nachweisbar (Abb. 4 c, b). Ab dem zweiten Keimtag steigen der Chlorophyllgehalt der Keimlinge und die Enzymaktivitäten der RuDPCO und NADP-GDH deutlich an. Die Aktivitätszunahme der Photosyntheseenzyme RUDPCO und NADP-GDH verläuft dabei parallel zum Chlorophyllanstieg. Sie ist Ausdruck zunehmender Photosyntheseaktivität. In ungekeimten Gerstensamen sind Chlorophyll und die Photosyntheseenzyme RuDPCO und NADP-GDH nicht nachweisbar. Keimen die Samen im Dunkeln, so lassen sich in den Keimlingen Enzymaktivitäten der RUDPCO und NADP-GDH nachweisen, jedoch bleiben die Aktivitäten hinter denen im Licht angezogener Keimlinge zurück (Marguelies, 1965, Kleinkopf et al., 1970, Smith et al., 1974). Chlorophyll wird in dunkel angezogenen Keimlingen nicht gebildet (Schneider 1973, 1975).

Das gleichzeitige Auftreten und eine parallele Zunahme

der Enzymaktivitäten von RuDPCO und NADP-GDH und dem Chlorophyllgehalt konnte bereits früher beobachtet werden. So wiesen Brawermann und Konigsberg (1960) diese Beziehung für das Photosyntheseenzym NADP-GDH und das Chlorophyll bei Euglena nach. Beisenherz und Koth (1975) finden einen entsprechenden parallelen Anstieg bei den Enzymaktivitäten der RuDPCO und der NADP-GDH und dem Chlorophyllgehalt in Kalluskulturen von Nicotiana tabacum, wenn diese im Dunkeln angezogen und anschließend belichtet werden. In Kallusgeweben von Nicotiana tabacum findet eine Leukoplasten-Chloroplasten-Transformation statt.

Die meisten untersuchten Enzyme des Sproßes zeigen während der ersten Keimtage eine steigende bis nahezu gleichbleibende Enzymaktivität (Tab. 1) (vgl. Kotze u. Latzko, 1965). Eine deutliche Abnahme in den Enzymaktivitäten konnte nur für die ADH und die PEP-CO festgestellt werden.

In Rohextrakten von Roggenkeimlingen fällt die Zunahme der Enzymaktivitäten des reduktiven Pentosephosphatzyklus (RuDPCO u. NADP-GDH) zusammen mit einer auffälligen Abnahme der Aktivität der Glucose-6-phosphat-Dehydrogenase, dem Eingangsenzym des oxidativen Pentosephosphatzyklus (Feierabend, 1966). Diese Beobachtung läßt sich zunächst durch unsere Versuche mit Rohextrakten von Gerstenkeimlingen und auch durch Versuche mit Rohextrakten aus Tabakgeweben (Koth, 1974) nicht bestätigen. Die Aktivitäten der Glucose-6-phosphat-Dehydrogenase und der 6-Phosphogluconsäure-Dehydrogenase bleiben in Rohextrakten von im Licht angezogenen Keimlingen nahezu konstant. Ein Absinken der Enzymaktivität ist beim Auftreten der Photosyntheseenzyme nicht zu beobachten. Da in im Dunkeln angezogenen Gerstenkeimlingen die Aktivität der Glucose-6-phosphat-Dehydrogenase jedoch während der ersten acht Keimtage ansteigt, wurde die Wechselwirkung zwischen oxidativem und reduktivem Pentosephosphatzyklus an isolierten Plastiden untersucht.

Enzymatische Veränderungen in den Plastiden

Die Enzyme des oxidativen Pentophosphatzyklus lassen sich sowohl im Cytoplasma als auch in Chloroplasten nachweisen (Heber et al., 1963). Eine Wechselwirkung zwischen den Enzymen des reduktiven und oxidativen Pentosephosphatzyklus sollte daher vor allem in den Plastiden zu beobachten sein, in denen das Eingangsenzym des reduktiven Pentosephosphatzyklus Ribulose-1,5-diphosphat-Carboxylase ausschließlich lokalisiert ist.

Isoliert man aus im Dauerlicht angezogenen Gerstenkeimlingen die Chloroplasten, und bestimmt man die Enzymaktivitäten der Ribulose-1,5-diphosphat-Carboxylase und Glucose-6-phosphat-Dehydrogenase, so erhält man die in Abbildung 5 dargestellten Ergebnisse. Es zeigt sich, daß die Enzymaktivität der Glucose-6-phosphat-Dehydrogenase in Chloroplasten während der ersten Keimtage drastisch zurückgeht, wenn die Keimlinge im Dauerlicht angezogen werden. Der stärkste Aktivitätsabfall ist zwischen dem 2. und 4. Keimtag zu beobachten, zu einem Zeitpunkt, zu dem die Aktivitäten der Enzyme des reduktiven Pentosephosphatzyklus RuDPCO und NADP-GDH in den Plastiden besonders stark zunehmen. Die Aktivität der Glucose-6-phosphat-Dehydrogenase aus Plastiden verhält sich demnach in unseren Versuchen völlig anders als die Aktivität der Glucose-6-phosphat-Dehydrogenase aus Rohextrakten. Da im Rohextrakt außer der plastidären Glucose-6-phosphat-Dehydrogenase eine cytoplasmatische Glucose-6-phosphat-Dehydrogenase erfaßt wird, muß angenommen werden, daß die Aktivität der cytoplasmatischen Glucose-6-phosphat-Dehydrogenase die Aktivitätsabnahme des plastidären Isoenzyms verdeckt.

Dies könnte auch erklären, warum Koth (1974) in Rohextrakten aus Kalluskulturen von Nicotiana tabacum keine Beeinflussung der Glucose-6-phosphat-Dehydrogenase-Aktivität durch die beginnende Photosynthese beobachtet.

Während die plastidäre Glucose-6-phosphat-Dehydrogenase durch Licht gehemmt wird (Bassham, 1977) und diese Hemmung wahrscheinlich über Ribulose-1,5-diphosphat und das Verhältnis von NADPH/NADP reguliert wird (Lendzian u. Ziegler, 1970, Lendzian a. Bassham, 1975, Wildner 1975), bleibt die Regulation des Enzyms aus dem Cytoplasma chloroplastenhaltiger Zellen noch unklar. Während Anderson et al. (1974) auch im Cytoplasma eine Lichtaktivierung der Glucose-6-phosphat-Dehydrogenase beobachten, finden Feierabend (1975) in Microbodies und Schnarrenberger et al. (1975) in Kotyledonen Aktivitätssteigerungen nach Belichtung. Auch unsere Versuche weisen auf eine Aktivitätssteigerung der cytoplasmatischen Glucose-6-phosphat-Dehydrogenase während der frühen Entwicklung des Keimlings hin. Eichhorn und Augstein (1977) diskutieren den Einfluß des ATP-ADP-AMP-Pa-Systems auf die Regulation der Glucose-6-phosphat-Dehydrogenase.

4. Literaturverzeichnis

Anderson, L.E., T.C. Lim NG a. K.E.Y. Park: Inactivation of pea leaf chloroplastic and cytoplasmic glucose-6-phosphate dehydrogenase by light and dithiothreitol, Plant Physiol. 53, 835 - 839 (1974)

Arnon, D.J.: Copper enzymes in isolated chloroplasts, Plant Physiol. 24, 1 - 15 (1949)

Bartels, H.: Enzymaktivitäten in ruhenden und keimenden Samen von Pinus nigra Arn., Planta 55, 573 - 597 (1960)

Bassham, J.A.: The control of photosynthetic carbon metabolism, Science 172, 526 - 534 (1971)

Beisenherz, W., u. P. Koth: Der Einfluß von Chloroamphenicol und Cycloheximid auf die Synthese von Ribulose-1,5-diphosphat-Carboxylase, NADP-abhängiger Glycerinaldehyd-3-phosphat-Dehydrogenase und Chlorophyll während der Leukoplasten-Chloroplasten-Transformation in Gewebekulturen von Nicotiana tabacum, Z. Pflanzenphysiol. 75, 201 - 210 (1975)

Bergmeyer, H.U., u. E. Bernt: Fructose-1,6-diphosphat-Aldolase, in: H.U. Bergmeyer, Methoden der enzymatischen Analyse, Chemie, Weinheim 1970

Feierabend, J.: Differenzierungsmuster und Regulationsvorgänge im Enzymsystem von Roggenkeimlingen, Dissertation, Göttingen 1965

Feierabend, J.: Enzymbildung in Roggenkeimlingen während der Umstellung von heterotrophem auf autotrophes Wachstum, Planta 71, 326 - 355 (1966)

Feierabend, J.: Developmental studies on microbodies in wheat leaves III, Planta 123, 63 - 77 (1975)

Goksöyr, J., E. Boeri a. R.K. Bonnichsen: The variation of ADH and catalase activity during the germination of green pea (Pisum sativum), Acta chem. Scand. 7, 657 - 662 (1953)

Graham, H.S.D., a. L.C.T. Young: Fixation of carbon dioxide in particulate preparations from barley roots, Plant Physiol. 34, 520 - 526 (1959)

Hageman, R.H., a. D.Flesher: The effect of an anaerobic enviroment on the activity of alcohol dehydrogenase and other enzymes on corn seedlings, Arch. Biochem. Biophys. 87, 203 - 209 (1960)

Hall, D.O., R.C. Huffacker, L.M. Shannon, a.A. Wallace: Influence of light on dark carboxylation reactions in etiolated barley roots, Biochem. Biophys. Acta 35, 540 - 542 (1959)

Bergmeyer, H.U., u. E. Bernt: Malatdehydrogenase, in: H.U. Bergmeyer, Methoden der enzymatischen Analyse, Chemie, Weinheim 1970

Bergmeyer, H.U., u. E. Bernt: Glutamat-Oxalacetat-Transaminase, in: H.U. Bergmeyer, Methoden der enzymatischen Analyse, Chemie, Weinheim 1970

Brawerman, G., a. N. Konigsberg: On the formation of the TPN requiring glycerinaldehyd-3-phosphate dehydrogenase during the production of chloroplasts in Euglena gracilis, Biochem. Biophys. Acta 43, 374 - 381 (1960)

Crawford, R.M.M.: Tolerance of anoxia and ethanol metabolism in germinating seeds, New Phytol. 79, 511 - 517 (1977)

Czok, R. u. L. Eckert: D-3-Phosphoglycerat, D-2-Phosphoglycerat, Phosphoenolpyruvat, in: H.U. Bergmeyer, Methoden der enzymatischen Analyse, Chemie, Weinheim 1962

Eichhorn, M. u. H. Augstein: Der Einfluß löslicher Kohlenhydrate auf die Aktivität der Glucose-6-phosphat-Dehydrogenase verschiedenaltriger Wolffia-Populationen unter Berücksichtigung von energy charge, O_2-Austausch und Pyruvat-Gehalt, Z. Pflanzenphysiol. 84, 37 - 48 (1977)

Heber, U., N.G. Pon, a. M. Heber: Localisation of carboxydismutase and triosephosphate dehydrogenases in chloroplasts, Plant Physiol. 38, 355 - 360 (1963)

Hiatt, A.J.: Reactions in vitro of enzymes involved in CO_2 fixation accompanying salt uptake by barley roots, Z. Pflanzenphysiol. 56, 233 - 245 (1967)

Kleinkopf, G.E., R.C. Huffacker, a.A. Matheson: Light-induced de novo synthesis of ribulose--1,5-diphosphate carboxylase in greening leaves of barley, Plant Physiol. 46, 416 - 418 (1970)

Koth, P.: Änderungen im Enzymmuster ergrünender Kalluskulturen von Nicotiana tabacum var. "Samsun", Planta 120, 207 - 211 (1974)

Kotze, J.P. u. E. Latzko: Aktivitätswechsel von Enzymen der Glykolyse sowie des Citrat- und Pentosephosphatzyklus in keimender Sommergerste, Z. Pflanzenphysiol. 53, 320 - 333 (1965)

Kowallik, W.: Über die Wirkung des blauen und roten Spektralbereichs auf die Zusammensetzung und Zellteilung synchronisierter Chlorellen, Planta 58, 337 - 365 (1962)

Lehmann, E. u. F. Aichele: Keimungsphysiologie der Gräser (Graminceen), Enke, Stuttgart 1931

Lendzian, K., a. J.A. Bassham: Regulation of glucose-6-phosphate dehydrogenase in spinach chloroplasts by ribulose-1,5-diphosphate and NADPH/NADP ratios, Biochem. Biophys. Acta 396, 260 - 275 (1975)

Lendzian, K. u. H. Ziegler: Über die Regulation der Glucose-6-phosphat-Dehydrogenase in Spinatchloroplasten durch Licht, Planta 94, 27 - 36 (1970)

Löhr, G.W. u. H.D. Waller: Glucose-6-phosphat-Dehydrogenase, in: H.U. Bergmeyer, Methoden der enzymatischen Analyse, Chemie, Weinheim 1970

Lowry, O.H., N.J. Rosebrough, A.L. Farr, a. R.J. Randall: Protein measurement with the Folin phenol reagent, J. Biol. Chem. 193, 265 - 275 (1951)

Lütz, C.: Biochemische und cytologische Untersuchungen zur Chloroplastenentwicklung I, Z. Pflanzenphysiol. 75, 346 - 359 (1975)

Margulies, M. M.: Relationship between red light mediated glyceraldehyde-3-phosphate dehydrogenase formation and light dependent development of photosynthesis, Plant Physiol. 40, 57 - 61 (1965)

Ochoa, S.: Crystalline condensing enzyme from pig heart, in: Colowick, S.P., a. N.O. Kaplan: Methods in Enzymology I, Academic Press, New York 1955

Racker, R: Alkohol dehydrogenase from baker's yeast, in: Colowick, S.P., a. N.O. Kaplan: Methods in Enzymology I, Academic Press, New York 1955

Robertson, D., a. W.M. Laetsch: Structure and function of developing barley plastids, Plant Physiol. 54, 148 - 159 (1974)

Roe, J.H.: The determination of sugar in blood and spinal fluid with anthrone reagent, J. Biol. Chem. 212, 335 - 343 (1955)

Rose, Z.B.: Studies on the mechanism of action of isocitric dehydrogenase, J. Biol. Chem. 235, 928 - 933 (1960)

Schmidhauser, T.: Die Verteilung der löslichen Zucker im keimenden Gerstenkorn, Ber. Schweiz. Bot. Ges. 65, 302 - 342 (1955)

Schnarrenberger, C., M. Tetour, a. M. Herbert: Development and intracellular distribution of enzymes of the oxidative pentose phosphate in radish cotyledans, Plant Physiol. 56, 836 - 840 (1975)

Schneider, Hj.A.W.: Limitierende Proteine in der Chlorophyllbiosynthese. Experimente und Modellvorstellungen, Ber. Deutsch. Bot. Ges. 86, 431 - 436 (1973)

Schneider, Hj.A.W.: Chlorophylle: Aspekte der Biosynthese und ihrer Regulation, Ber. Deutsch. Bot. Ges. 88, 83 - 123 (1975)

Smith, M.A., R.S. Criddle, L. Peterson, a. R.C. Huffacker: Synthesis and assembly of ribulosebiphosphate carboxylase enzyme during greening of barley plants, Arch. Biochem. Biophys. 165, 494 - 501 (1974)

Stiles, W.: Respiration in seed germination and seedling development, in: Ruhland, W., Handbuch der Pflanzenphysiologie XII, Springer, Berlin 1960

Toole, E.H., S.B. Hendricks, H.A. Borthwick, a. V.K. Toole, Physiology of seed germination, Ann. Rev. Plant Physiol. 7, 299 - 318 (1956)

Verbeek, R., H. van Onckelen, et T. Gaspar: Effects de l'acide gibbérellique et de la Kinétine sur le développement de l'activité α-amylasique durant la croissance de l'orge, Physiol. Plantarum 22, 1192 - 1199 (1969)

Wildner, G.F.: The regulation of glucose-6-phosphate dehydrogenase in chloroplasts, Z. Naturforsch. 30 c, 756 - 760 (1975)

Ziegler, H. u. I. Ziegler: Der Einfluß der Belichtung auf die NADP-abhängige Glycerinaldehyd-3-phosphat-Dehydrogenase, Planta 65, 369 - 380 (1965)

5. Abbildungen und Tabellen

Tab. 1: Enzymaktivitäten des Sproßes in Abhängigkeit von der Keimdauer. (nMol / min • mg Protein)

Enzym	Keimtage		
	2	4	8
Hexokinase	2	4	7
Aldolase	42	43	41
Citratsynthetase	10	13	15
ICDH	18	35	36
MDH	1510	1723	2257
PEP-CO	23	18	14
GOT	102	108	144
G-6-PDH	7	17	24

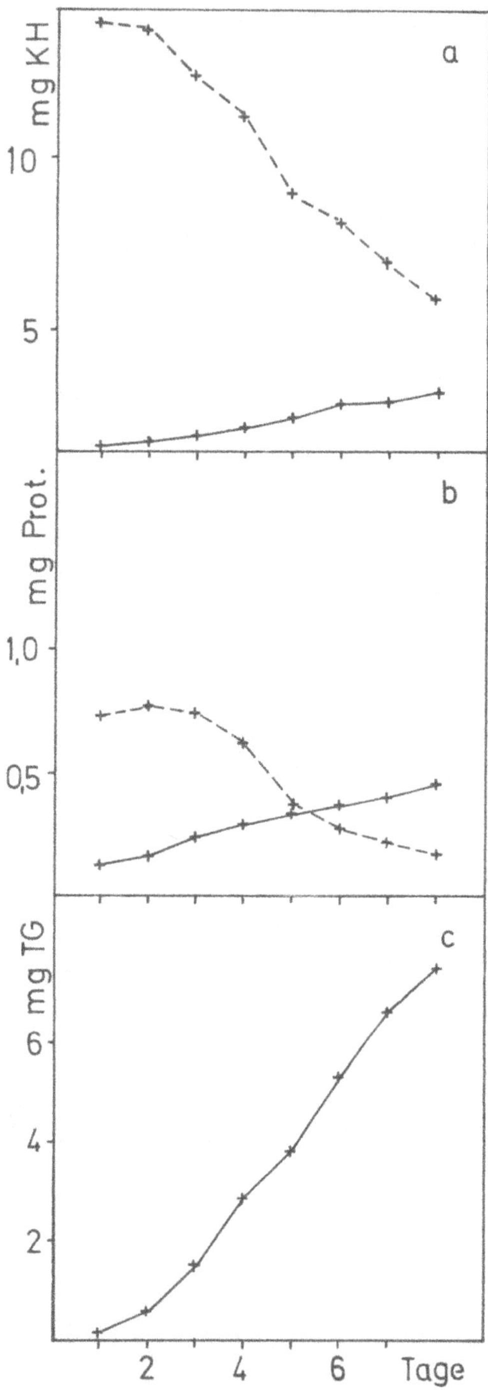

Abb. 1: Veränderungen des Kohlenhydratgehalts (a), Proteingehalts (b) und Trockengewichts (c) im Sproß (—) und Endosperm (---) von Hordeum vulgare in Abhängigkeit von der Keimdauer

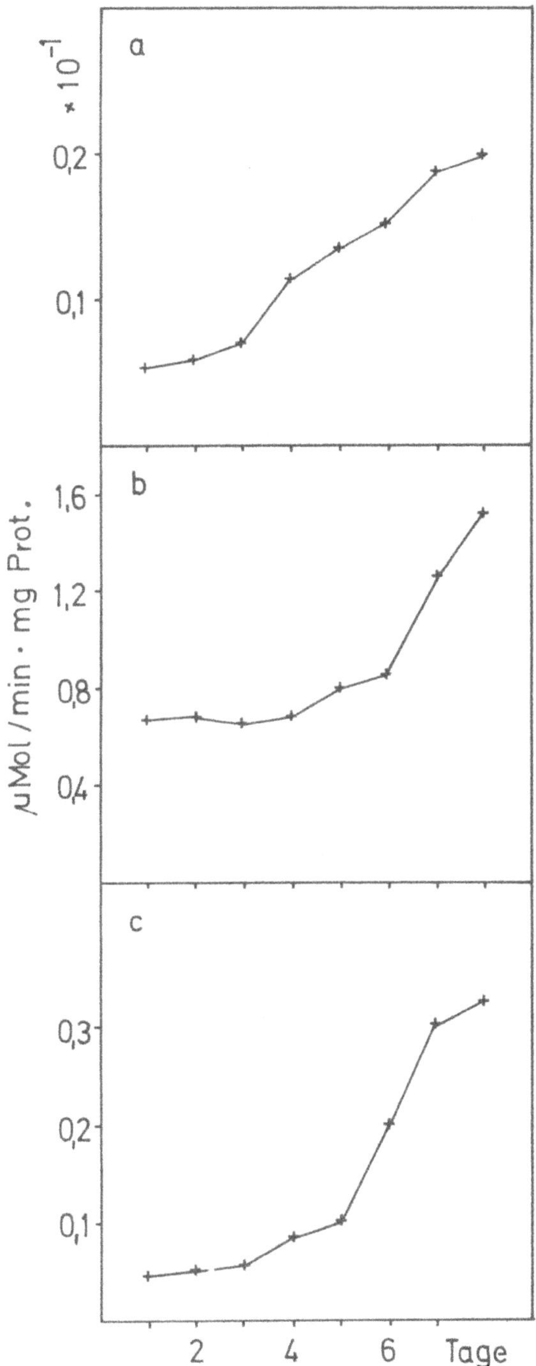

Abb. 2: Veränderungen der Enzymaktivitäten der ICDH (a), MDH (b) und GOT (c) im Endosperm von Hordeum vulgare in Abhängigkeit von der Keimdauer

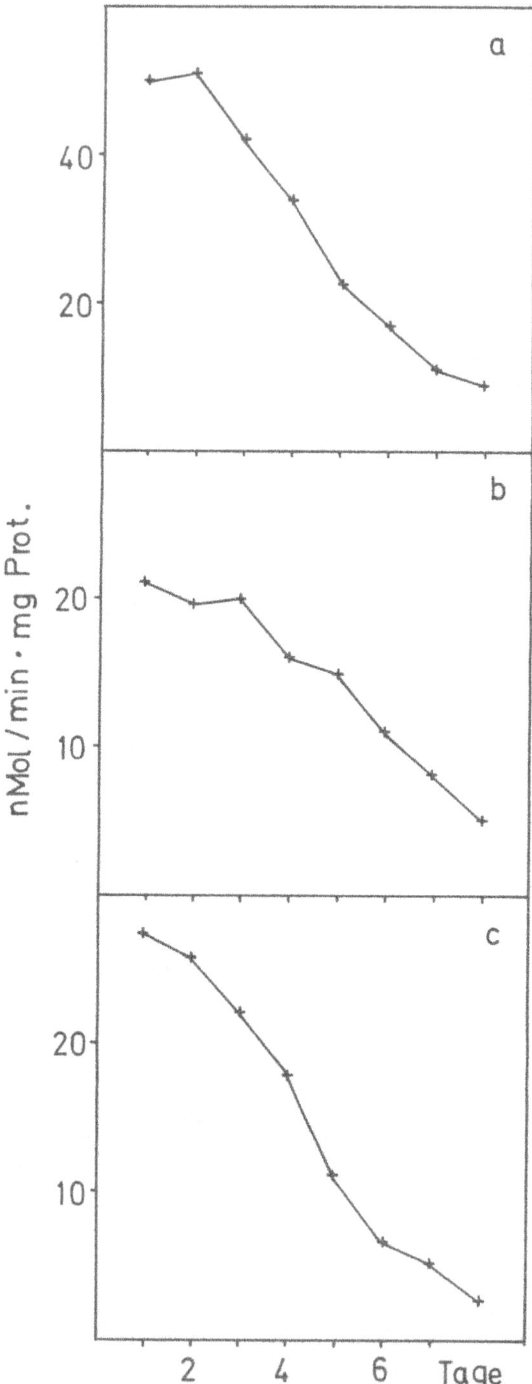

Abb. 3: Veränderungen der Enzymaktivitäten der
ADH (a), Aldolase (b) und PEP-CO (c) im
Endosperm von Hordeum vulgare in Abhängigkeit von der Keimdauer

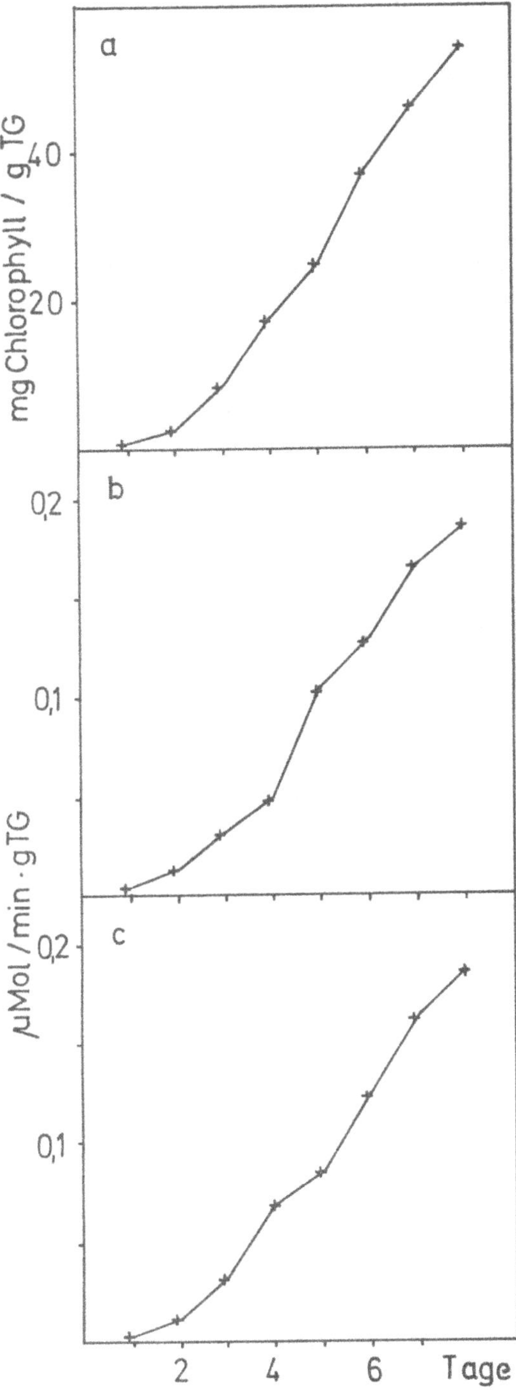

Abb. 4: Veränderungen des Chlorophyllgehalts (a) und der Enzymaktivitäten von NADP-GDH (b) und RuDPCO (c) im Sproß von Hordeum vulgare in Abhängigkeit von der Keimdauer

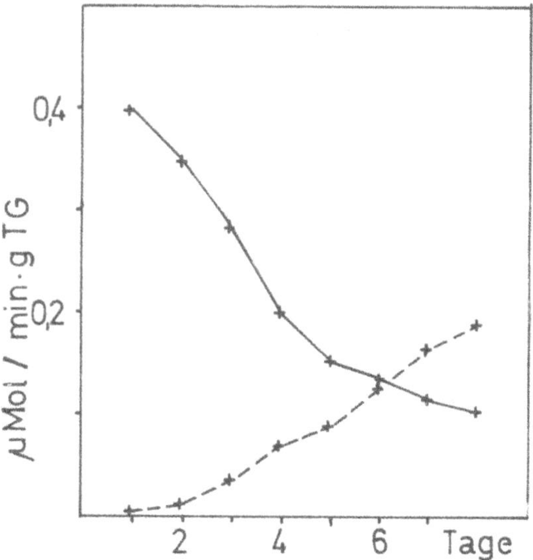

Abb. 5: Veränderungen der Enzymaktivitäten der Glucose-6-phosphat-Dehydrogenase (——) und Ribulose-1,5-diphosphat Carboxylase (---) in den Chloroplasten von Hordeum vulgare in Abhängigkeit von der Keimdauer

FORSCHUNGSBERICHTE
des Landes Nordrhein-Westfalen

Herausgegeben
im Auftrage des Ministerpräsidenten Heinz Kühn
vom Minister für Wissenschaft und Forschung Johannes Rau

Die „Forschungsberichte des Landes Nordrhein-Westfalen" sind in zwölf Fachgruppen gegliedert:

Geisteswissenschaften
Wirtschafts- und Sozialwissenschaften
Mathematik / Informatik
Physik / Chemie / Biologie
Medizin
Umwelt / Verkehr
Bau / Steine / Erden
Bergbau / Energie
Elektrotechnik / Optik
Maschinenbau / Verfahrenstechnik
Hüttenwesen / Werkstoffkunde
Textilforschung

WESTDEUTSCHER VERLAG
5090 Leverkusen 3 · Postfach 300620

GPSR Compliance
The European Union's (EU) General Product Safety Regulation (GPSR) is a set of rules that requires consumer products to be safe and our obligations to ensure this.

If you have any concerns about our products, you can contact us on

ProductSafety@springernature.com

In case Publisher is established outside the EU, the EU authorized representative is:

Springer Nature Customer Service Center GmbH
Europaplatz 3
69115 Heidelberg, Germany

www.ingramcontent.com/pod-product-compliance
Ingram Content Group UK Ltd.
Pitfield, Milton Keynes, MK11 3LW, UK
UKHW061700190726
13853UKWH00008B/2309
* 9 7 8 3 5 3 1 0 2 7 4 4 9 *